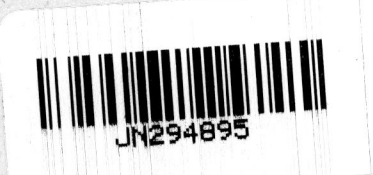

会いに行ける
海のフシギな
生きもの

幻冬舎

会いに行ける海のフシギな生きもの

おおまかにいえば、地球には2つの世界があるのだと思う。陸と海だ。
水中の世界をのぞくには、水中マスクをつけて水面に浮かぶだけでいい。

海のフシギな生きものといえば深海生物が有名だ。
だけど浅い海でも、おどろくほど面白い生きものを見ることができる。

この本は、僕のようなふつうの人間が、容易とはいえない場合もあるけど、
少しの幸運で出会えた友人たちを紹介したものです。

吉野雄輔

テンジクダイのなかま　モルジブ　水深 10m　全長 3cm

contents

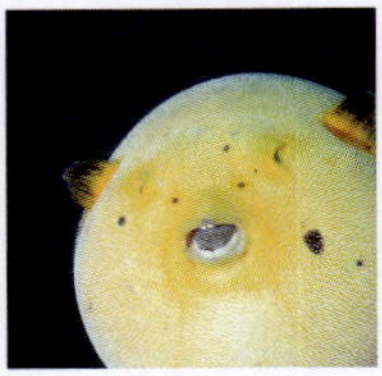

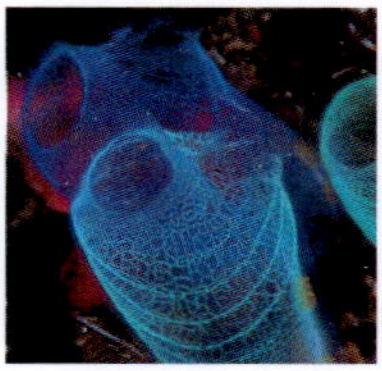

写真に添えている地名と水深は出会った場所。大きさは写真の個体のものです。

系統樹

海で生まれた生物は、さまざまに進化した。
この本に登場するフシギな生きものたちを、進化の系統樹にそってご紹介！

地球上の生物について、「真核生物」と「原核生物」に二分する考え方と、「真核生物」「真正細菌」「古細菌」に三分する考え方がある。

そのうち、私たちになじみがあるのは、「真核生物」だろう。細胞のなかに、2 重の膜で囲まれた核をもつ生物だ。海には、多種多様な生物が、たがいにかかわりあいながら生きている。

サカナ

【魚類】

海の主役といえば、なんといってもサカナたち。この星に最初にあらわれた脊椎動物だ。ウロコにおおわれ、エラで呼吸し、ヒレで移動することが特徴。群れるもの、単独で泳ぐもの、動かず背景にまぎれ込むものなどさまざまだ。

ミナミハコフグの幼魚
沖縄県 沖縄本島　水深 12m
全長 5cm

真ん丸の目と見つめ合う

ダンゴウオ

小さなサカナだ。頭の先からシッポの先まで、ほんの2センチメートル。小指の先ほどしかない。上の写真は、これでもおとな。名前のとおりダンゴのような体形に丸い目。じつにかわいい。カメラを向けたら、じっとこちらを見るので、見つめ合ってしまった。

子どもはミリ単位のサイズだが3ミリメートルほどになれば見つけられる。幼魚は海藻の上にいることが多い。

体色は、赤やピンクだけでなく、緑っぽいものも。かわいい顔に似合わず肉食。小さな甲殻類などを食べる。左右の腹ビレが腹部で1つの吸盤になり、海藻や岩などに吸いついている。生態はまだ不明な点が多い。

北半球の冷たい海の沿岸、浅い岩場に生息している。伊豆では、産卵期である冬から早春に出会える。

おとなのダンゴウオ

静岡県 城ヶ崎　水深 5m

全長 2cm

寿命は1年から1年半ほどと考えられている。オスが、死んだフジツボのカラのなかや岩のくぼみなどで、卵を守る姿も観察されている。

ダンゴウオの幼魚
宮城県 志津川　水深 6m
全長 7mm
幼魚には、おとなと同じ無精ヒゲのような突起のほかに、頭に白い輪があり、「天使の輪」とよばれている。この子はおとなに近づいているので、天使の輪は消えはじめている。

まさに竜のような風貌のリーフィーシードラゴン

オーストラリア エスペランス
水深 7m
全長 30cm
体色は茶色から黄色いものも。メスがオスの尾のつけ根あたりに卵を産みつけ、オスが２か月ものあいだ、卵を大切に守る習性がある。

幻想的に舞う

リーフィーシードラゴン

世界中で、南オーストラリアの海でしか見つかっていない珍しいサカナ。タツノオトシゴに近いなかまだ。海藻の豊かな浅い海で優雅に泳いでいる。その名も「葉っぱのような海の竜」。全身に海藻そっくりの飾りがあり、泳ぎ方まで波にゆれる海藻そっくり。葉っぱのような飾りはヒフが変化したもの。

　海藻にまぎれて捕食者から見つからないようにし、一方、エモノであるエビやカニの子どもなどからも身を隠していると考えられている。

　エモノに近づくと、ストローのような口で一気に吸い込む。

　この写真を撮りに行ったときは、リーフィーシードラゴンをねらって遠路はるばる行ったのに、約束していた現地のガイドがのんびり屋で、なんと不在だった。しかたがないので、店でタンクだけ借りて潜った。ガイドなしで出会えたのはラッキーだった。

　乱獲や環境の変化によって数が減り、準絶滅危惧種に指定されている。

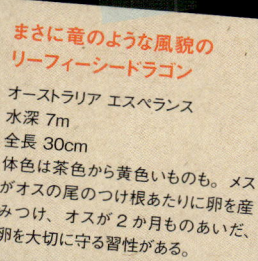

真ん丸い目がかわいい
ハダカハオコゼ

沖縄県 水納島《みんなじま》　水深 20m
全長 10cm
甲殻類や小さなサカナをじっと待ち、近づくと大きな口を開けてひと呑みにする。表皮がはがれ落ちるので、「脱皮をするサカナ」としても有名。

派手なのに目立たない

ハダカハオコゼ

鮮やかなピンクのドレスをまとっているみたいだ。からだは両側からつぶされたように平らで、ハナや目の上に「皮弁」とよばれるひらひらがついている。背ビレは長く、大きな帆を立てているように見える。

こんなに華やかな色だが、海のなかではあまり目立たない。光は、水に入ると波長の長い赤い光から失われるので、赤いものはくすんで見えるのだ。その上、同じような色の背景にとけ込もうとしている。

唐揚げや煮つけで食するカサゴに近いなかまだ。沖縄では比較的多い。個体によって、白から黄色、ピンクから茶色と色の変化が大きい。鮮やかな色のものに会えるとうれしくなる。

ふくらんで目も陥没

ミゾレフグ

フグといえばふくらむことが有名だ。おどろいたりすると、大量の水を飲み、数倍の大きさにふくらむ。

このときは、目の前で、ボッボッボッボッと水を飲み、数秒でこんなサイズになった。

それにしてもこのフグ、思い切りふくらんで、目まで陥没してしまっている。しぼむときも、同様にブップッブップッと水を吐いて細くなる。ミゾレフグは、沖縄、小笠原など南の海で出会うことが多い。

フグは、あまり速く泳げないので、ふくらんで敵に食べられない大きさになってしまう作戦ではないかともいわれている。トゲのある種類は、さらに食べにくくなるだろう。

ただ、ふくらむのも万能ではない。僕は、ふくらんでいるにもかかわらず丸呑みにされているものを見たことがあるし、ハリセンボンが、ふくらんでトゲを立てたまま、大きなハタにくわえられている姿も見たことがある。

限界までふくらんだミゾレフグ

東京都 小笠原父島《おがさわらちちじま》　水深 20m
全長 25cm
ミゾレフグは「霙《みぞれ》」の名のとおり、黒地に小さな白い点があるものが多いが、この写真のように黄色いからだのものもいる。群れずに単独で泳いでいる。

ふだんは別のサカナのようにスマートだ。

ボディペインティング!?

レーシースコーピオンフィッシュ

迫力のある顔に、全身ボディペインティングをほどこしたような模様。自然のデザインに脱帽してしまう。

ボロカサゴのなかまだ。このなかまは、赤や黄色、紫に黒と、色の変化が大きく、いずれも奇抜な姿だ。海藻や岩などの背景にまぎれ込み、近づく小魚を大きな口でひと呑みにする作戦と考えられている。

とくにこのレーシースコーピオンフィッシュは、「レースのような」の名のとおり、迷路のような模様が美しい。おもに南のサンゴ礁に生息しているが、なかなか出会えないサカナだ。

美しいが、トゲに毒があるので、触れることは禁物。

口もとがいかつい
レーシースコーピオンフィッシュ

パプアニューギニア ロロアタ
水深 15m
全長 25cm
パプアニューギニアは、レーシースコーピオンフィッシュなど、レアなサカナに出会える場所のひとつだ。

寝顔を撮る

オオモンハゲブダイ

寝顔を撮ることができるのは、よほど親しいあいだ柄だけだろう。夜の海では、サカナの寝顔を撮ることもできる。

サカナも眠る。ただし、マグロのように泳ぎながら眠るものもいれば、オオモンハゲブダイのように、寝袋をつくって眠るものもいる。オオモンハゲブダイは、南のサンゴ礁にすむサカナだ。

真っ暗な夜の海で、粘膜のなかで気もちよさそうに眠っているオオモンハゲブダイに出会った。起こさないように、そっとシャッターを切った。

サカナにも寝起きのいいヤツと悪いヤツがいる。光を感じるだけで目を覚まし、ピュッと逃げるものもいるが、フグなどは寝起きが悪く、起こすとふらふらと泳ぎ、サンゴにぶつかったりする。

彩りも美しい
オオモンハゲブダイ

鹿児島県 奄美《あまみ》大島《おおしま》 夜
水深 15m
全長 45cm
この袋は、寄生虫などに対する防御手段ともいわれている。寝る前に、エラから粘液を出して大きな安眠寝袋をつくるのだ。

海のフシギな生きもの 1 【原索動物】

まだまだいる！

背骨ができる少し前

ホヤのなかま

どうしても実感が湧かないのは、ホヤが、私たち背骨をもつ脊椎動物にもっとも近い動物だという分類だ。6ページにあるように、私たちと同じ脊索動物というグループの一員なのだ。脊索動物は、一生のあいだに一時期でも脊索をもつ動物。脊索とは、背中側にあってからだを支える棒のような器官のことだ。

笑っているように見えるホヤ

沖縄県 沖縄本島　水深9m
個虫の長さ 5mm
このホヤは沖縄の海で出会うことが多い。出水孔が笑っている口に見える。

私たちは胎児のときにだけ脊索をもち、生まれるときにはそれが脊椎（背骨）に置き換わる。ホヤは、生まれてから数日間だけ、泳ぎ回るオタマジャクシのような姿の時期があり、そのときには脊索がある。岩などにくっついて変身するときに脊索は吸収される。

　おとなのホヤは、ずっと岩などに固着してすごす。上に入水孔、そのやや下に出水孔があり、体内を流れる水にまじっているプランクトンなどをこして食べる。

　一生泳ぎつづけていた祖先から、背骨をもたずに固着するという進化の道を選んだと考えられている。

　かつて、ホヤは植物や貝のなかまではないかと考えられていた。ところが、泳ぐオタマジャクシ型幼生がホヤの子どもとわかり、しだいに、私たちに近い動物だということがわかってきたのだ。

　ちなみに、古くは「ほやほや笑う」という言葉があり、顔をほころばせて笑うことをいった。そこから、東北地方などでは、正月など祝いのときにホヤを食べる習慣が生まれたという。

ブルーグリーンが美しいホヤ

インドネシア バリ島
水深 15m
個虫の長さ 1.5cm
熱帯のサンゴ礁には、このように鮮やかな色のものも見られる。

column 1

野生動物に一番近い場所

オニイトマキエイ　インドネシア バリ島　水深 8m　幅 2.5m

森や草原などで、野生動物に間近で出会うのはむずかしい。小さな昆虫なら近づくことができるが、小鳥やウサギ、シカやキツネに近づくことはできない。動物たちが、こちらの物音や匂いに気づいて、さっさと姿を隠してしまうからだ。

海は、もっとも身近に野生動物に会える場所。美しいウミウシや、かわいいエビやカニ、群れ泳ぐ小魚や巨大なサメ、クジラにだって間近で出会うことができる。

地球表面の約70パーセントは海。サンゴ礁のひろがる熱帯の海から栄養の豊かな冷たい海、そして氷の下の海から深海まで、それぞれの環境に適応した動物がくらしている。

最初の生命は海で生まれた。たった1つの細胞しかない小さないのちが生まれてから、およそ40億年もかけて、生命は地球上にひろがった。ずっと海にくらしてほとんど変化していないもの、進化して大きくその姿を変えたもの、クジラたちのように、一度は陸上生活をして、ふたたび海にもどったものなど、さまざまな生物がくらしている。

なかには、とてもフシギな姿をしているものもいるが、いずれも進化の結果だ。海に潜ると、私たちの常識を超えたさまざまな生物に会える。

ただし、間近にいても気づかないことも。ちなみにこの写真に写るダイバーは、頭上を泳ぐマンタにまったく気づいていなかったという。

イカ タコ 貝

【軟体動物】

目やウデ、知恵も発達したイカやタコ、そして巻き貝や二枚貝、ウミウシなどは「やわらかいからだ」と書く軟体動物。昆虫やエビやカニなどをふくむ節足動物に次ぐ大きなグループだ。多くはカラをもち外套膜《がいとうまく》でおおわれている。

コウイカのなかま
静岡県 九十浜《くじゅつばま》 水深 5m
全長 10cm

ふくらんでウデも頭も格納

サメハダホウズキイカ

深海からの珍客だ。ふだんは真っ暗な深海に生息している。深海生物は、身を隠すために透明で、その上、発光するものが多い。このイカも全身が透明。ただし、目は透明にすることができないので、その下に発光器がある。深海では、エモノを探して上を見ている生物が多い。この発光は、上からのわずかな明るさをバックにして下から見えてしまう自分のシルエットを消すためのもの。「カウンターイルミネーション」という。

青海《おうみ》島《じま》は、まれに深海生物に会える場所のひとつ。それでも、こんな珍客に会えるのは、1～2年に1度、それも春の短い期間の、とても運がいいときだけだ。

初めて出会ったサメハダホウズキイカは、おどろいたのだろう、いきなりからだをふくらませた。さらに真ん丸になり、ウデも頭も膜のなかにしまい込んでしまった。

ふくらみはじめると、まずウデを膜のなかにしまう。

からだのなかに見える棒状のものは内臓。からだの角度が変わっても内臓は垂直を保つ。下から見える面積を最小にしていると考えられている。

ふくらんで色素胞の色が見える
サメハダホウズキイカ

山口県 青海島　水深 2m
全長 7cm
「鮫肌《さめはだ》」の名のとおり、外套膜の表面には小さな突起がたくさんあってざらざらしている。真ん丸になりながら、しっかりこちらを見ている。

水中の格闘技

小さくて動き回る被写体を水中でねらうのは、ほとんど格闘技だ。

オオタルマワシやサメハダホウズキイカを、青海島で撮った。なかなか出会えないレアな被写体だ。

タンクにウェイト、カメラには半球状のドームポート、そしてストロボなどのフル装備で、被写体の動きに合わせて必死で泳ぐ。

青海島での1か月半の撮影で、76キロあった体重が60キロ台になってしまった。ダイエットにはオススメだ。

サメハダホウズキイカをねらう　山口県 青海島　水深 2m

ギリギリの距離感

アオリイカ

大きな目でじっとこちらを見るアオリイカの群れ

静岡県 富戸　水深 2m
全長 20cm
本州では、産卵期である初夏に、沖から沿岸に近寄ってくる。これは、まだ若い群れだ。寿命は 1 年ほどといわれている。

森のなかでも海中でも、ほとんどの場合、こちらが気づく前に、野生動物がこちらの存在に気づく。

泳ぎながら、ふと視線を感じて、そーっと後ろを振り向いた。アオリイカの群れがじっとこちらを見ている。少しでも近づけばさっと逃げるだろう。距離はほんの2メートルほど。これが、彼らにとってのギリギリの距離だ。たがいに緊張が張りつめる。距離を縮めずシャッターを切った。

イカはとても目がいい。有能なハンターだ。ほんの1グラムくらいで生まれ、毎日体重の70パーセントもの量のエモノを食べ、急速に成長する。


動物によって、ギリギリの距離はそれぞれちがう。はるか遠くでこちらの存在に気づいて逃げるものもいれば、好奇心の強い生きもののなかには、至近距離まで近寄ってくるものさえいる。また、同じ種類のサカナでも個体によってちがう。距離感は、人間関係だけでなく、野生動物とのあいだでも奥が深い。

派手な衣装で警告中

オオマルモンダコ

警告色を見せる
オオマルモンダコ

鹿児島県 奄美大島　水深 10m
全長 5cm
あたたかい海に多い。大きいものは20cmにもなる。このタコがもつ毒は、フグの毒と同じ成分。かまれての死亡例もある。注意が必要だ。

青い蛍光のリングが美しい。英名は「blue ringed octopus（青いリングのタコ）」。ただし、ふだんは地味な薄茶色のタコだ。かみついて相手に毒液を注入するキケンなタコでもある。このリングは、警告と威嚇のためと考えられている。

色は、一瞬で変化する。美しいリングを撮ろうと、ちょっと刺激してシャッターを切ろうとするが、手をカメラにもどすとすぐに薄茶色にもどってしまう。あまり刺激しては逃げられる。美しい姿をとらえるのは簡単ではない。

海底の掃除機

メリベウミウシ

ウミウシというと、カラフルなものが有名だが、こちらの外見はいたって地味。
でも、捕食する姿はユニークだ。大きな口を、投網のように海底に大きく広げて小さな甲殻類などをとらえる。口を広げると、体長の3分の1ほどになる。静かな変わりものだ。

本州に多く、季節に関係なく見られる。
海底を移動しながら、大きな口を最大限まで開けて、岩や海藻の上などにいるエモノにかぶせる。口のふちには細かい毛のような触手があり、それでエモノを逃がさないようにして、丸呑みにするのだ。

捕食中のメリベウミウシ

静岡県 大瀬崎　水深 5m
全長 20cm
背中に５～９対の突起がある。この突起は、かなり脱落しやすい。大きな口の上についている細長い突起の先には目がある。

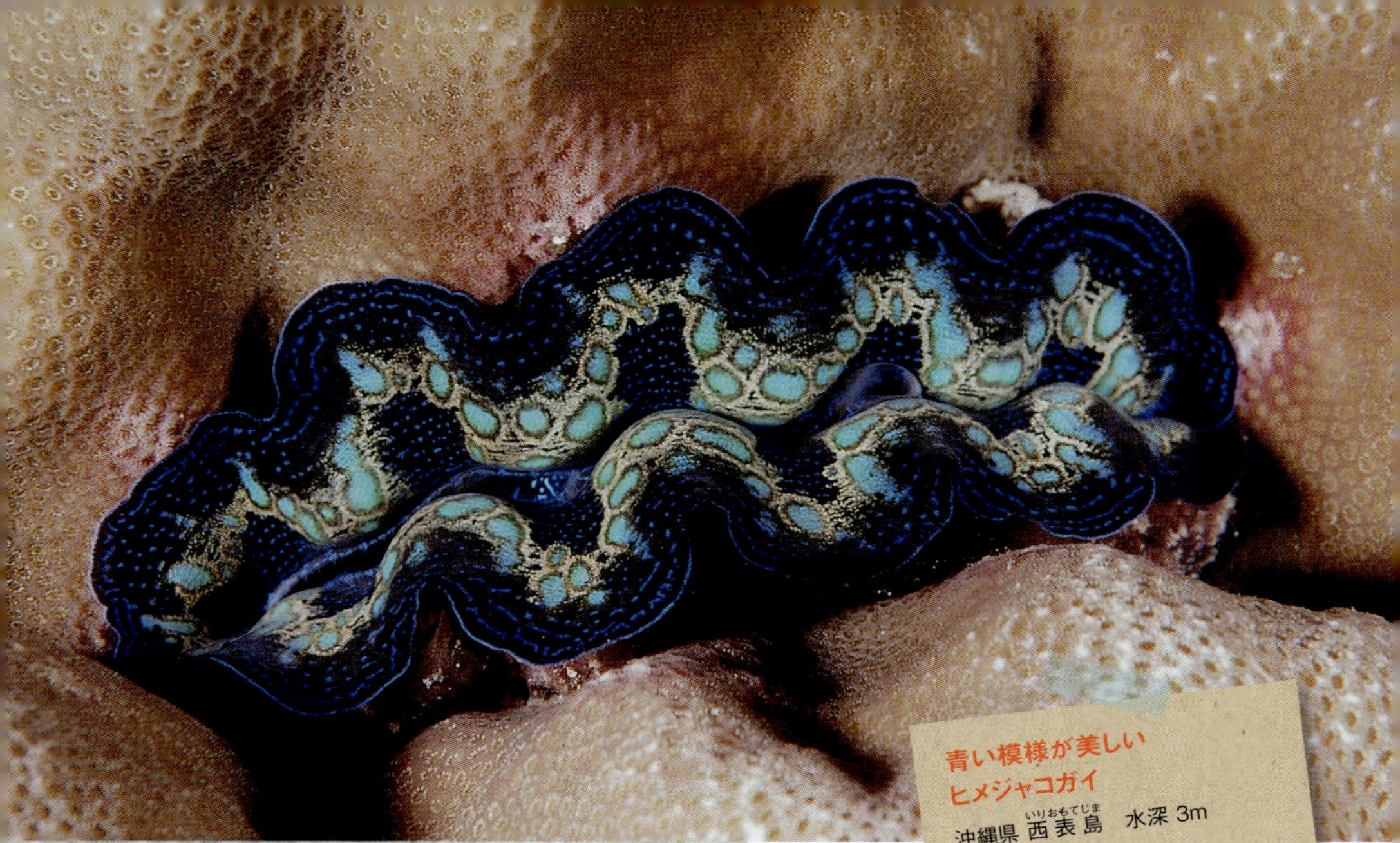

青い模様が美しい
ヒメジャコガイ

沖縄県 西表島《いりおもてじま》　水深 3m
カラの長さ 8cm
外套膜の美しい色と模様は、個体ごとにちがい、さまざまなバリエーションがある。

飛び歩く
ウスユキミノガイ

沖縄県 水納島　水深 12m
カラの長さ 5cm
貝ガラは薄くて真っ白。刺激すると、触手のような外套膜をひらひらと振りながら逃げる。

埋まる貝、飛び歩く貝

ヒメジャコガイとウスユキミノガイ

貝というと、ふつうは足を出してゆっくり動くイメージだが、岩などに埋まって動かないものや飛び歩くものもいる。

ヒメジャコガイは、サンゴに穴をあけてそのなかにすむ穿孔性《せんこうせい》の二枚貝。外套膜に単細胞藻類が共生し、光合成をしている。ヒメジャコガイは、その養分を得ている。光合成に必要な太陽光線を受けるために、サンゴ礁にしっかり身を固定して外套膜を上に向けて出しているのだ。

一見イソギンチャクのように見えるウスユキミノガイは、じつはホタテガイなどと同じ二枚貝。外套膜が触手のようになって貝ガラから出ている。２枚の貝ガラを開閉して飛び歩く。ホタテガイも貝ガラを開閉して飛んで逃げることがあるが、海底をパフパフと飛び歩くウスユキミノガイの姿は、とても貝とは思えない。

貝ガラを捨てた貝

ウミウシ

ウミウシは正式な分類名ではない。巻き貝のなかの後鰓類《こうさいるい》（エラが心臓の位置より後ろにあるもの）のことであり、さらに、そのなかの貝ガラをもたないものの総称。一般には、貝ガラを捨てた巻き貝だ。

貝ガラは身を守るもの。それを捨てた代わりに、まずい味や毒を身につけたものが多い。カラフルな色は、そのことを警告していると考えられている。

英名は「sea slug（海のナメクジ）」、和名は、頭にウシのツノのような触角があるものが多いことから「海の牛」の意。

（右側）上から　フジナミウミウシ　鹿児島県奄美大島　水深15m　全長 1.5cm ／オトヒメウミウシ　鹿児島県奄美大島　水深12m　全長 4cm ／イボウミウシのなかま　沖縄県久《く》米《め》島《じま》　水深10m　全長 3cm
（左側）上から　ユキヤマウミウシ　鹿児島県奄美大島　水深12m　全長 3cm ／イロウミウシのなかま　鹿児島県奄美大島　水深10m　全長 3cm ／イロウミウシのなかま　鹿児島県奄美大島　水深15m　全長 4cm

泳ぐ貝

ハダカゾウクラゲ

小さな目がかわいい
ハダカゾウクラゲ

山口県 青海島　水深 1m
全長 15cm
世界中の温帯から熱帯の、海面近くから水深 600m くらいまで、広い範囲に生息する。とても巻き貝のなかまとは思えない姿だ。

長い口吻《こうふん》から「ゾウ」、透明なので「クラゲ」の名をもらっているが、じつは、巻き貝だ。貝ガラは退化し、たいへん薄く小さく半透明。身を守ることはできない。代わりに透明になって泳ぐことで身を守っている。足はヒレのようになり、このヒレを動かし、意外に速く泳ぐこともできる。

写真では、右下に長く伸びた口吻のつけ根あたりに、小さな目がある。

なかなか出会えない生物だが、その小さな目でこちらを見て近づいて来ることもある。こちらにとっても珍しい生物だが、先方にとってもこちらが珍しいのかもしれない。

恐怖の待ちぶせ

ボビットワーム

環形動物は世界中で約１２０００種も知られている。からだが細長く、輪っかになったたくさんの節がある。ミミズや、釣りエサにするゴカイなども環形動物だ。

ボビットワームは、その最大種のひとつ。体長は1メートルを超え、長いものは3メートルという報告もある。本州中部より南の、あたたかい浅い海にいる。和名はオニイソメ。

昼間は岩の割れ目などに潜んでいて、夜になるとエモノを探す。大きなアゴとこん棒のような触角をもち、小さな生物が近くを通ると、食らいついて穴に引きずり込む。

この日は、夜の海でボビットワームに出会った。近くでそっと金属製の棒を動かしたら、飛び出して来て食いついた。「バチン!」と音がしたのにはおどろいた。からだは金属光沢があり、じつにおどろおどろしい。名前の由来を知ってさらに震えた。「ボビット」は、ある夫婦の名。不貞をはたらいた夫の大切な部分を妻が切り落とした。その夫婦の名に由来するというのだ。

ただ、このハンター、動きはそれほど素早くない。近くを通るサカナを取り逃がしているところを見たことがある。貝など、動きの遅いものなら、バチンとはさんで捕食できるようだ。

海底に潜んでいるときは、よほど注意しないと気づかない。

飛び出した
ボビットワーム

インドネシア バリ島　夜　水深 5m
飛び出している部分 5cm

環形動物は、筋肉が発達し、節ごとにかたい毛が生えている。このように自由生活をするものと、筒などに入って動かないものがいる。

column 2

ずっとシンプルに生きている

カイメンの一種
バハマ カリブ海　水深 20m
高さ 1m

カイメンは、地球上に、もっとも早くに生まれた多細胞生物のひとつ。細胞が複数からなる生物だが、組織とよべるものがなく、感覚器も神経も、消化管も筋肉もない。からだの側面に無数にあいた小さな穴から水が入り、小さな生物をこし取って、上部の大きな穴から水を出す。

古くは、植物だと思われていた。自由に泳ぎ回る子ども時代を終えると岩などに着生し、動かない。たしかに植物のように見える。

和名は「海のワタ」の意、英名は「sponge（スポンジ）」。古代から、からだを洗ったりするのに使われていたものが多いことにちなむ。スポンジとして利用されていた、その名もモクヨクカイメン（沐浴《もくよく》海綿《かいめん》）は、乱獲のため数を減らしている。

とてもシンプルな動物だが、からだの内側にならぶ細胞にはべん毛があり、小さな穴から水が流れ込むように水流を起こしている。恐らく、べん毛をもった単細胞生物から進化したと考えられている。

小さいものは数ミリメートル、大きなものは2メートルを超え、色も形もさまざまだ。5億年以上前に生まれてから、シンプルなシステムのまま多彩に進化し、浅い海から深海までひろがっているのだ。

ヒトデ　ウニ　ナマコ

【棘皮動物】

放射状のからだをしたものが多い。ヒトデやウニは下に口、背中に肛門があり、ナマコは口が前、肛門が後ろになった。いずれも、先が吸盤になった「管足」をもつことが特徴。ヒトデはウデの下に、ウニはトゲのあいだに、ナマコはからだの下に管足がある。

アオヒトデ
沖縄県 西表島　水深１m
幅長 12cm

ミサイルのような毒針

リュウキュウフクロウニ

猛毒をもっている。カラの直径は15センチメートルほど。大型のウニだ。カラは上下につぶれた形をして革袋のようにやわらかい。そのため、「ヤワラウニ」ともよばれる。そこに、毒針が、発射を待つミサイルのようにびっしりと生えている。

僕は一度刺されたことがある。ヒザを刺されたのに、顔が2倍くらいにふくらみ、サンドバッグ状態の顔になり、はれは何日も引かなかった。症状は人によってちがうようだ。死亡例もあるので、決して触ってはいけない。そんなキケンな毒針を、アップで撮ってみた。

リュウキュウフクロウニの毒針

静岡県 大瀬崎　水深 10m
カラの直径 15cm　針の長さ 1cm
相模湾から九州にかけての、沿岸の岩場に生息している。ヒトには猛毒だが、毒針の上に小さなエビなどが共生していることもある。

ウニは、昼間は岩陰などにいて、夜活動するものが多いが、このウニは昼間も岩の上などにいることが多い。

究極のエコライフ

バイカナマコ

**海底をゆっくりと這《は》う
バイカナマコ**

沖縄県 座間味島　水深 5m
体長 60cm
バイカは「梅花」。背面をおおう突起の形にちなむ。海底を、動いていると思えないほどゆっくり移動する。

大きなものは体長80センチメートル、体重は5キログラムにもなる、最大級のナマコだ。奄美以南のサンゴ礁で出会える。

ナマコのなかまは、海底の砂や泥を丸呑みして有機物だけ吸収し、砂などを排泄する。海の掃除屋だ。捕食のために余計なエネルギーは使わない。ムダな動きはしない。砂のなかのわずかな栄養を取り込む。そんな生活で、ここまで大きくなるのだから、究極のエコ生活者といえるだろう。ちなみに、砂などを出す総排泄腔の内部で、酸素も取り込んでいる。

この姿、自分は魅力的な食料ではないというアピールではないかともいわれているが、そんなことにまどわされないのが、人間だ。

沖縄でも中国でも、このナマコの乾物は高級食材。恐るべし、ヒトの食欲。

再生するからだ

ヒトデの一種

ヒトデは、約4億5000万年前にあらわれ、世界中の海に、生息域をひろげてきた。からだの下側にある口で、小さなエモノなら丸呑みし、大きなエモノには、胃を口から出してかぶせ、そのまま消化してしまうものもいる。さらに、卵と精子でふえるものや、自ら2つに分裂してふえるものも。再生力抜群なのだ。

「5」を基本とする放射状のからだをもつヒトデは、その各部分に感覚や運動、循環や呼吸、消化や生殖など、すべての機能がそなわり、1本のウデからでも、中心部の盤の一部があれば再生できる。さらに、からだにも卵にもヒトデサポニンという、捕食者の食欲を減退させる化学物質があり、身を守っている。

「海の星」とよばれ、再生中の姿は「ほうき星」ともよばれるヒトデだが、じつにしたたかな生物だ。

再生中のヒトデの一種

沖縄県 久米島　水深 10m
もとのウデの長さ 7cm
長い部分がもとのウデ。短いウデが再生している。「5」が基本だが、ウデが多い種類もあり、再生するときには多めに生えてしまうこともある。

まだまだいる！

海のフシギな生きもの 3 【有孔虫】

星の砂、太陽の砂、銭の石

ホシズナ、タイヨウノスナ、ゼニイシ

真っ白なサンゴ礁の砂浜には、細かくくだけたサンゴのカケラ。そのなかに、小さな「星の砂」がたくさん見つかる。有孔虫、ホシズナが死んで残したカラだ。砂のように小さい。

その近縁のタイヨウノスナは、星型ではなく、トゲの先が丸くなり、太陽を連想させる形。

ゼニイシは、直径1センチメートルほど。ほんとうに小銭のような姿。いずれも、どう見ても生きているように見えない。でも、有孔虫という単細胞生物だ。

放射状に突起が出ているタイヨウノスナ（⬇）
沖縄県 西表島　水深 1m
盤の直径 2mm
ホシズナに近いなかまの有孔虫。ホシズナと同じように、死ぬとそのカラが残り、白い砂浜をつくる。

生きているホシズナ
沖縄県 西表島　水深1m
盤の直径 1mm
生きているときは、体内に単細胞藻類を共生させ、彼らが光合成によってつくる栄養を得ているので、明るく浅い海にいる。

アメーバは、単細胞生物の代表だろう。有孔虫はアメーバに近い生物だが、石灰質のカラをもっている。小さくても肉食。プランクトンなどを食べる。カラにある小さな孔から糸のような足を出して、移動したりエモノをとらえたりする。足といっても、そこは単細胞生物。細胞は、たった1つ。細胞の一部がひろがって足のようになった「仮足」だ。

ホシズナは、サンゴ礁の海に生息している。竹富島や西表島北部の海底、それも5メートルより浅い明るい海では、生きたホシズナに会える。ほかの有孔虫は足でゆっくりと移動するものが多いが、ホシズナは、足でサンゴや岩、海藻の上などにくっついて、ほとんど動かない。小さいけれど、注意深く探せば、たくさん見つかる。

最大の有孔虫と考えられているゼニイシ

沖縄県 久米島 水深 8m
直径 1cm
表面に、渦巻きのような線が見える。直径は 1cm と大きいが、とても薄いからだをしている。

column 3

アリストテレスを悩ませた海の生きものたち

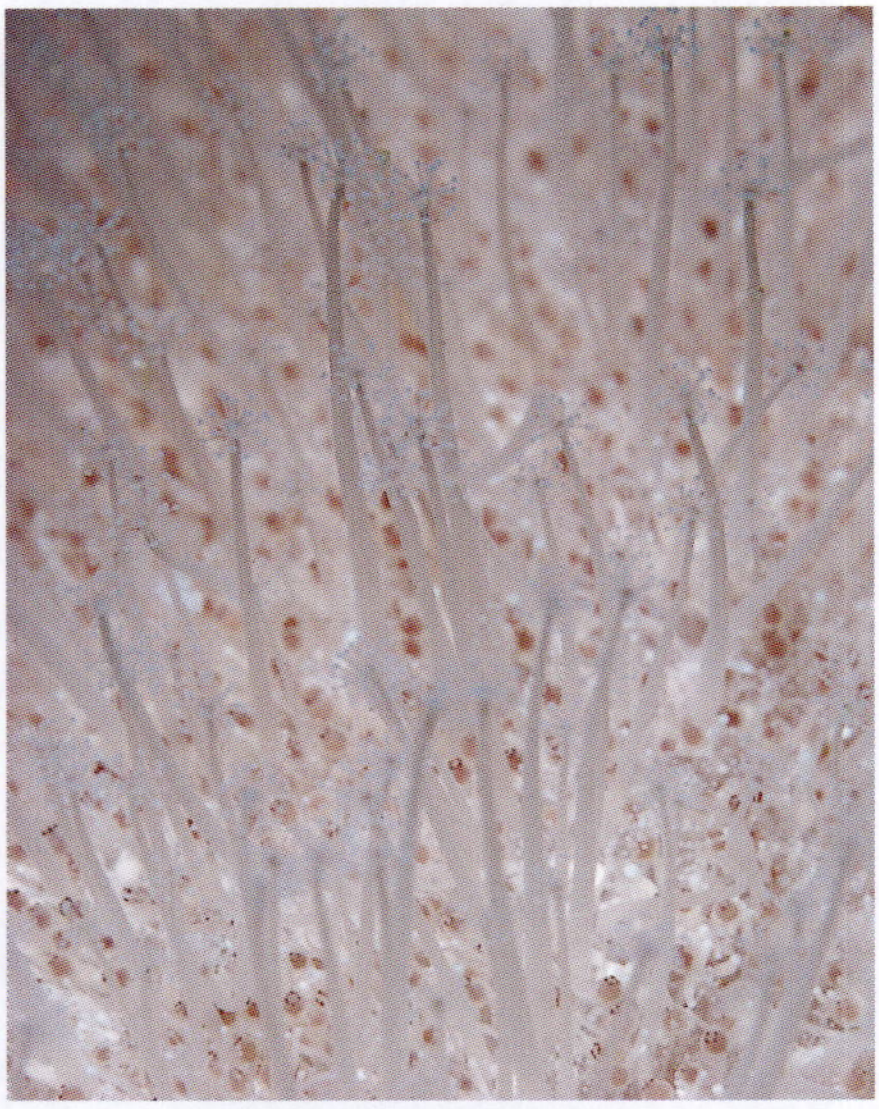

オオタマウミヒドラ　静岡県 大瀬崎　水深 20m　全長 2.5cm

古代から、人は生物に名前をつけてよんだ。そしてグループ分けもしてきた。古代ギリシャの哲学者であり科学者でもあったアリストテレスは、さまざまな生物を観察して分類した。動物を、血液のあるものとないものに分け、さらに血液のあるものを、胎生で四足の動物、鳥、サカナなどに分類し、クジラはサカナではないことも見抜いていた。

そのアリストテレスも、海の生物には、動物なのか植物なのかよくわからないものがあると記している。

生物を分類して学名をつけたのは、18世紀初頭の生物学者、リンネだ。属というグループ名のあとに種名を記し、その生物の分類がわかるようにした。現代人の学名である「ホモ・サピエンス」もリンネの命名。「ホモ」は「人」、「サピエンス」は「考える、かしこい」という意味だ。

名前を知ることで、その生きものと親しくなり、さらに分類がわかると、ぐっと身近な存在になる。カイメンが植物ではなく動物だと知り、ホヤが私たちと同じグループだと知ることで、顔をもたない生物も、さまざまな戦略で生き抜いていることがわかる。

ちなみに、このタンポポの綿毛のような生物は、クラゲやサンゴと同じ刺胞動物のなかの、ウミヒドラというグループの一員だ。

クラゲ
イソギンチャク

【刺胞動物】

海をただようクラゲや、岩などに固着するイソギンチャクやサンゴなど。姿はちがうように見えるが、いずれも刺胞動物という。クラゲ時代とポリプ時代を経て成長するものが多い。刺胞とは、毒液をもった刺糸が飛び出す特別な細胞だ。

カギノテクラゲ
北海道　積丹《しやこたん》半島　水深 3m
カサの直径 1.5cm

風まかせの放浪者

カツオノカンムリ

青藍《せいらん》色が美しい
カツオノカンムリ

高知県 柏島《かしわじま》 水面にて
長径 5cm
下についている黄色い糸状の感触体の先には刺胞があり、これに触れると痛むので注意が必要だ。

オシャレな帽子のように見えるのは、海面を帆走する変わりもののクラゲ。クラゲといえば、水中を浮遊し、カサを動かしてゆっくりと泳ぐものが多いが、カツオノカンムリは泳がない。ただ、風を受けて流される。

英名は「little sail（小さな帆）」、和名の漢字表記は「鰹《かつお》の冠」。あたたかい海のクラゲだが、春から夏にかけて暖流に乗って太平洋沿岸に流れて来る。カツオの群れと、よくいっしょに見つかることにちなんだ名前だ。

青い帆の部分の下には、たくさんの個虫(個体)がついていて、それが集まって生きている群体性のクラゲだ。個虫は、糸状の感触体のほか、エサを食べるものや繁殖にかかわるものなど、役割が分かれている。

嵐のあとなどには、海岸にたくさん打ち上げられていることがあるが、海上を帆走しているのを見たのは初めてだった。僕が船に上がって、ほかのダイバーを待っていたとき、船べりに流れて来た。急いで、外したばかりのダイビングマスクですくって撮影した。

薄紅色のSOS

サンゴイソギンチャク

**触手の先をふくらませる
サンゴイソギンチャク**

高知県 柏島　水深 10m
触手環の直径 20cm
触手の直径 1cm
分裂してクローンの群れをつくり、さらに、有性生殖もする。触手の先は、いつもふくらんでいるわけではなく、細長い状態のときもある。

美しい薄紅色。イソギンチャクの触手だ。ふだんは、薄緑色や薄茶色をしている。茶色っぽく見えるのは、体内に共生している藻類、その名も「褐虫藻」の色。直径1ミリメートルにも満たない褐色の単細胞藻類だ。造礁サンゴやシャコガイの体内にも共生し、光合成をして養分をつくり、サンゴや貝に与えている。

サンゴイソギンチャクは、ほかのイソギンチャク同様、触手で小魚や小さなエビなどをつかまえて食べるが、体内の褐虫藻からも栄養を得ている。

褐虫藻は、海水温が高くなると、宿主から出てしまう。薄紅色になっているのは、その褐虫藻がいなくなりつつある状態。心配な状態ではある。ただ、サンゴの場合はほとんどの栄養を褐虫藻にたよっているために、褐虫藻が出て白化し、養分がなくなると弱ってやがて死んでしまうが、サンゴイソギンチャクは捕食から得る栄養も多いので、サンゴほど危機的な状況というわけではない。

本州中部から九州にかけての浅い海の岩場やサンゴ礁に生息している。

海の墓標？

ヤナギウミエラ

静かな風景だ。昼間の海で、こんなにたくさんのウミエラが林立しているのを見たのは初めてだった。ウミエラは、おもに、本州の中部から沖縄にかけての沿岸の砂や泥の海底に生息する。

漢字で書くと「海鰓《うみえら》」。上部がエラのように見えることからの名だが、英名「sea pen（海のペン）」は、古い羽根ペンのような姿からの名。

プランクトンを食べる群体性のサンゴのなかまだ。羽根のように見える部分は、たくさんの個虫の集まり。ここで流れてくるプランクトンをつかまえる。真ん中の軸が砂に埋まって全体を支えている。組体操で、下の人が支え、上に乗った人が飛んでくるボールを取っているようなものだ。その全体で1つの生物になっている。

昼間は砂に埋もれていて、夜になると羽根を広げて食べものをとることが多い。昼間にこんなにたくさん立っているのは珍しい。よほどいい潮の流れがあり、プランクトンがたくさん流れて来たのだろう。

同じ方向に羽根を広げる
ヤナギウミエラ

静岡県 大瀬崎　水深 20m
高さ 20cm
羽根の部分がもっともよく潮の流れを受ける方向に、からだの向きを変えることができる。必要に応じて引っ越しすることさえある。

まだまだいる！

海のフシギな生きもの 4

【有櫛動物】

クラゲじゃない「クラゲ」

クシクラゲのなかま

とても美しい。透明なからだが、光を受けて幻想的に輝いている。

クラゲに似ているが、刺胞動物の特徴である刺胞がない。からだの側面に、たくさんの繊毛からなる8列のクシの板が並んでいるのが特徴。「櫛《くし》」が「有る」ので有櫛動物という。世界中の温暖な海域に広く生息している。

このクシ板を細かく動かして泳ぐ。クシ板が動くと、光を反射する角度や光の重なり具合で、虹色に輝く。

写真の個体も、直径4センチメートルほどと小さいが、クシクラゲのなかまは小さいものが多い。長く伸びているのは、触手。触手は、粘液でべたべたしており、プランクトンなどをくっつけてつかまえ、口へ運ぶ。球形のからだの、ややとがったほうが口。

小さくて美しいけれど、彼らはどん欲な捕食者だ。小さなプランクトンだけでなく、自分と同じくらいの大きさのクシクラゲや、サルパなどのゼラチン質動物を丸呑みにしている姿も観察されている。

クシ板が美しく輝く
クシクラゲのなかま

山口県 青海島　水深 4m
直径 4cm
プランクトンネットなどでとらえても形がくずれてしまうため、まだあまり研究されていない。そのため生態には謎の部分が多い。

column 4

愛しのフジツボたち

アカフジツボ　高知県 柏島　水面下　直径 3cm

フジツボが、貝ではなくエビやカニのなかまだということをご存じだろうか？　岩や船底にはりついて離れないフジツボだ。

進化論を発表したダーウィンは、『種の起原』を書く前、8年間もフジツボを研究していた。そして、世界中の研究者なかまへの手紙には、「愛しのフジツボたち」という言葉がたくさん使われているという。このフジツボの研究から、進化論への確信を深めたのではないかともいわれている。

フジツボは、幼生のときは自由に泳ぐが、岩などに固着すると、もう動かない。雌雄同体だが、近くの個体に長い生殖器を伸ばして交尾する。群れていなければ子孫を残せない。そのため、幼生にはフジツボが出す匂いを感知する能力がそなわっているのだという。

共通の祖先から、自由に動き回るエビやカニへと進化したもの、固着する道を選んだフジツボ。それぞれの進化だ。

私たちの祖先も、たった1つの細胞から、しだいに多細胞生物へと進化し、脊索をもった。そこで、固着する道を選んだホヤと袂《たもと》を分かち、泳ぐ道を選んだ。陸に上がり4本の足で歩いた。そして、ふたたび海へ帰ったクジラたちと別れ、2本足で立ち、ヒトになった。

進化とは、妙なるかな。海でさまざまなフシギ生物に出会うと、ダイナミックな進化の妙を感じる。

エビ カニ

【甲殻類】

変装したり擬態したりと知恵者ぞろい。節に分かれた外骨格が、からだをおおっている。昆虫やクモなどをふくむ節足動物は、動物のなかの最大グループ。エビやカニは、そのなかの甲殻類というグループだ。ほとんどが水中にくらす。

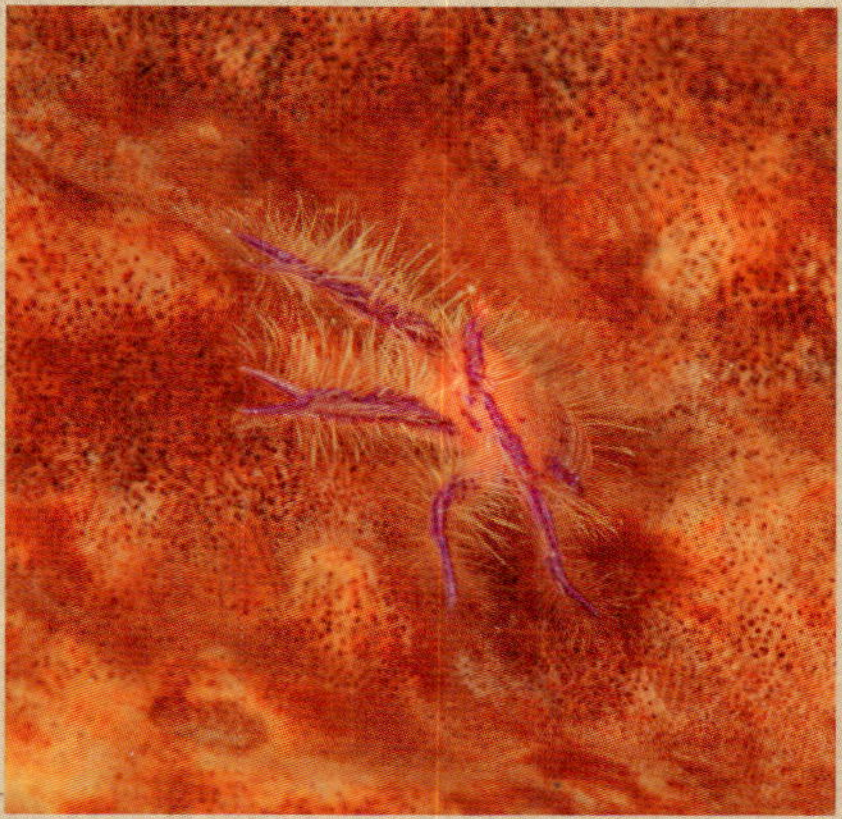

ピンクスクワットロブスター
高知県 柏島　水深 10m
体長 1.5cm

穴を守る

アナモリチュウコシオリエビ

穴から顔を出す
アナモリチュウコシオリエビ

沖縄県 水納島　水深 12m
体長 1cm
コシオリエビは、日中は岩の下や割れ目に隠れている夜行性のものが多いが、この種類は日中でも顔を出していることが多い。

インパクトのある顔だ。体長は約1センチメートルと小さいが、真っ赤な顔に飛び出た大きな目、黄色みのある脚には、よく見ると先端が青い毛がたくさん生えている。

「穴守り」の名のとおり、いつも穴のなかにいる。僕は、まだ全身を見たことはない。

小さな生物だが、この表情と色彩のおかげで、ダイバーの人気者だ。

コシオリエビはヤドカリのなかま。このアナモリチュウコシオリエビは、沖縄の海でよく見かける。小さな穴にすっぽり入り、穴から顔と脚だけ出してあたりをうかがっている。刺激を与えるとすぐに引っ込んでしまうので、そっと近づいて撮影する。

クラゲに乗って楽ちん！

オオバウチワエビの幼生

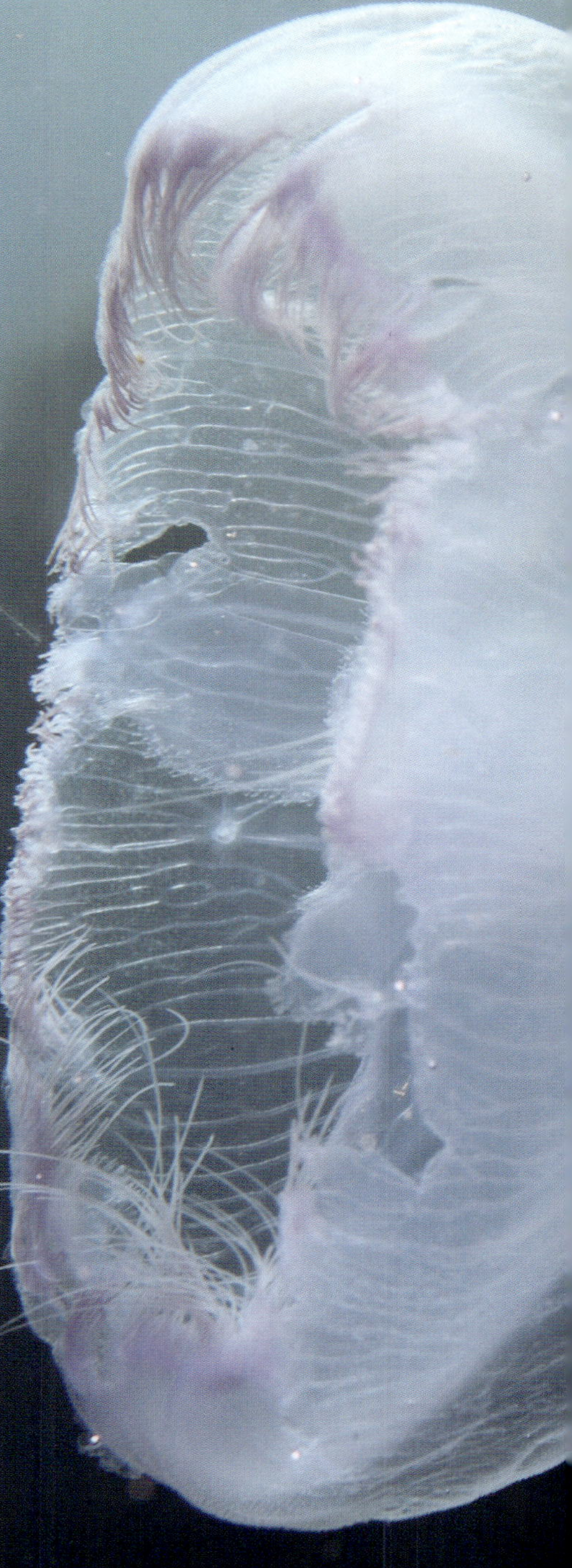

クラゲの上に乗るオオバウチワエビの幼生

山口県 青海島　水深 2m
甲らの幅 4cm
幼生は小さいが、おとなは体長15cm 前後。幼生とは似ても似つかない幅広のいかついエビになる。イセエビに近いなかまだ。

「ジェリーフィッシュライダー（クラゲに乗るもの）」とよばれている。エビやカニのなかまは、おとなになると海底を這ったり、生物の上にくらしたりするものがほとんどだが、子どものときは、外洋を浮遊しながら成長する。自分でただようだけでなく、クラゲなどに乗るものもいる。

ライダーにとって、クラゲは食料でもあり乗りものでもある。おとなのウチワエビは泳げないが、子どものときには泳げる。それぞれ2股に分かれた10本の脚の、外側の脚に長い羽根のような毛があり、これを動かして泳ぐのだ。小さなクラゲなら、ライダーはクラゲを操縦するし、大きなクラゲなら、敵から身を隠すのに利用する。いずれにしても楽に移動することができるわけだ。

フィロゾーマ幼生という。「フィロゾーマ」は、ギリシャ語で「葉っぱのようなからだ」の意。約2か月間に7回脱皮して、おとなと同じ体形で小さく透明な「ガラスエビ」とよばれる姿になり、さらに脱皮しておとなと同じ姿になる。

深海のエイリアンに出会う

オオタルマワシ

タルをしかとおさえ、尾だけ出して移動するオオタルマワシ

山口県 青海島　水深 3m
体長 3cm
サルパなどのゼラチン質動物を襲って内部を食べ、タル型の巣にする。メスは、タルのなかに卵を産んで子育てもする。

その風貌から「深海のエイリアン」とよばれるオオタルマワシ。

２００メートル以深の深海にいることが多い動物だが、まれに、浅い海で出会えることもある。青海島は、ときどき、深海生物に出会うことのできる場所のひとつ。上下に素早く動く小さなオオタルマワシにピントを合わせるのに、体力が必要だった。

海には、地形や海水温、風向きの関係で、複雑な流れが生まれる。その流れに乗って深海生物が上昇することもあるのだ。

地球最後の秘境といわれる深海も、浅く明るい海とつながった、１つの海なのだと実感させられる。

カニの知恵を見破る

カイカムリのなかま

なんの変哲もない海底の風景。岩の上に赤と白のコントラストが美しいウミトサカがついている……。と思ったが、そこに、疑いの目を向ける。

「もしや？」

角度を変えてウミトサカの下をのぞき込む。案の定、隠れている。カイカムリのなかまだ。カイカムリのなかまは、日本の各地にいるが、隠れ名人なので、よほど注意しないと気づかない。ところが、先方は気づいていたようだ。よく見ると、隠れている右の写真でも、白い小さな目であたりをうかがっていることがわかる。

カイカムリはカニのなかま。カニは知恵者だ。さまざまな生物を自分のからだにつけて隠れるものも多い。からだじゅ

うに海藻などを付着させているもの、ホヤなどをつけているものなどもいるが、カイカムリは後ろの４本の脚でウミトサカなどをしっかりと背負う。この脚は、背負うための脚なのだ。

おいしいカニ。ヒトだって必死で捕食しようとしている。ほかの動物たちも同じだ。

そして、カニたちはいのちがけで隠れる。それを見破るには、カニの上をいく知恵が必要だ。

ウミトサカを背負うカイカムリのなかま

和歌山県 串本　水深 20m
甲らの幅 2.5cm
漢字で書くと「貝被《かいかむり》」。その名に反して、カイメンやウミトサカなどをいつも背負っている。自分よりずっと大きなものを背負っているものも多い。

ちっちゃなフシギ生物

ワレカラのなかま

刺胞動物であるカヤ類の上のワレカラモドキ

静岡県 城ヶ崎　水深 25m
体長 2cm
シャクトリムシのような動きで移動し、海藻などを食べる。サカナの稚魚にとっては、大切な食料でもある。春には湧くようにあらわれる。

宇宙人のような風貌。体長は2センチメートルと小さく、からだはとても細長い。

和名の漢字表記は「割殻《われから》」。昔は、塩をとるために海藻を焼いたが、そのとき、海藻についているワレカラのカラが乾燥して割れることが由来ともいわれている。「我から（自分から）」にかけて、平安時代の歌にも詠まれ、清少納言は『枕草子』の「虫は」のなかで、趣のある虫として、スズムシやチョウ、ホタルなどといっしょにワレカラをあげている。

ワレカラのなかまは、日本各地の海藻のあるところならどこにでもいる。身近な生物だったのだろう。ただし昆虫ではなく、小さな甲殻類。写真はワレカラモドキという種類だ。

とても小さいので、ピントの合う範囲が限られることもあり、なかなか納得のいく写真が撮れない。小さくて身近な動物だが、あなどれない存在だ。

まだまだいる！

海のフシギな生きもの 5 【藍藻類】

はじまりのいのち

シアノバクテリア

**いまも成長をつづける
ストロマトライト**

オーストラリア シャーク湾
水深 1m
高さ 50 ～ 60cm

ジュゴンの生息地でもあるシャーク湾は、世界自然遺産に登録されている。現在、シアノバクテリアが生息しているのは、ここをふくめ数か所だけだ。

地球に、最初の生命が生まれたのは、40億年ほど前といわれている。でも、そのシナリオは、まだ謎に包まれている。

地球が生まれたのは46億年前。生まれたばかりの地球は、マグマの海におおわれていた。少しずつ冷えて雨が降り、海ができた。ただし、その海は現在の海とはちがっていた。

現在の深海に、熱水の噴き出す場所がある。最初の生命は、そのようなところで生まれた細菌だったのではないかという説が、いま有力視されている。

それから10億年以上のち、酸素を生む生物が生まれた。シアノバクテリアだ。浅い海で繁栄し、光合成をして、地球に酸素をもたらした。

オーストラリア西部のシャーク湾には、いまもシアノバクテリアが生きている場所がある。岩のように見えるのは、シアノバクテリアがつくった堆積物。ストロマトライトという。シアノバクテリアの死骸が、砂とともにかたまったものだ。

この小さな生物のおかげで、酸素を必要とする生物が繁栄し、さらに、オゾン層ができて紫外線がさえぎられ、海の生物が陸上に進出することができたのだ。

海の生きものを撮影する

海では、さまざまな生物に出会うことができる。植物のような動物、海藻にまぎれるエビやカニ、群れ泳ぐサカナや、大きなエイやイルカ……。

水中マスクをつけてのぞくだけでも、陸上とはぜんぜんちがう世界がひろがる。僕も最初はそうやって、海の生物に出会った。

シュノーケルをくわえれば、ゆっくり海中観察ができて、もっとたくさんの生きものが見えてくる。さらに、タンクを背負って10メートル、20メートルと潜ると、日常から、はるか遠くの世界に遊ぶ気がする。そして、地上とはまったくちがうシステムのなかで生きる、たくさんの生物に会える。

海では、なにより、海の自然をこわさないように、生物にダメージを与えないように、僕も遠慮しながら潜っているつもりだ。それから、思いがけないキケンな生物もいるので、よくわかっているもの以外には触れないほうがいい。

海の世界に慣れてきたら、出会ったものを撮影するのも、楽しい。簡単なデジタルカメラとハウジング（防水ケース）があれば、陸上と同じように水中でも写真が撮れる。一眼レフカメラをハウジングに入れれば、さらにシャープな写真が撮れる。カメラに、26ページのようなドームポートをつけるとワイドな撮影ができ、ストロボがあれば生物をより明るく鮮明に撮ることができる。

生物を撮影するコツは、対象を見つけたら、じっと動かず待つことだ。ほとんどの場合、こちらより先に向こうが気づいているし、彼らは海の住人。逃げるなら、彼らのほうがずっと速い。追うのではなく、まず止まって待つ。そして、そっと近づくこと。彼らも、警戒しつつ、こちらに興味をもつこともある。そんな表情が撮れるとすごく楽しい。

あとは、回数を重ねて、彼らのそれぞれの性格をよく知ることだ。

ダイバーが、ガイドにいざなわれて海底のなにかを撮影している。

落としもののなかがマイスイートホーム

ナカモトイロワケハゼ

卵を守る
ナカモトイロワケハゼ

沖縄県 水納島　水深 23m
全長 2.5cm
黄色と白の体色がかわいくて、ダイバーに人気のサカナ。あたたかい海にいて、ふつうは貝ガラなどにすむが、空きカンや空きビンにすむこともある。

ダイバーが撮影していたのは、海底に落ちていたビンのなかのサカナ。ナカモトイロワケハゼだ。

ビンに産みつけた小さな卵を、必死の表情で守っている。突然やって来た巨大生物であるヒトを警戒しているのだろう。そんな表情を、僕も撮ってみた。

ヒトの遠い祖先も、かつては海にくらす生物だった。海に潜ると、ふと、そんなことを感じる。

ナカモトイロワケハゼの新居。海の住人たちは、さまざまなものを利用して生きている。

撮影地

この本に登場したフシギな生きものたちの、
出身地をご紹介!

山口県青海島

p.25 サメハダホウズキイカ

p.36 ハダカゾウクラゲ

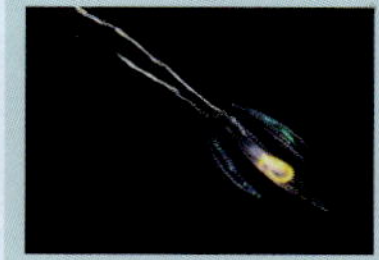
p.58 クシクラゲのなかま

p.64 オオバウチワエビの幼生

p.66 オオタルマワシ

北海道積丹半島

p.51 カギノテクラゲ

宮城県志津川

p.9 ダンゴウオの幼魚

静岡県富戸

p.28 アオリイカ

静岡県城ヶ崎

p.8 ダンゴウオ

p.70 ワレカラのなかま

和歌山県串本

p.69 カイカムリのなかま

静岡県九十浜

p.23 コウイカのなかま

東京都小笠原父島

p.14 ミゾレフグ

高知県柏島

p.52 カツオノカンムリ

p.54 サンゴイソギンチャク

p.60 アカフジツボ

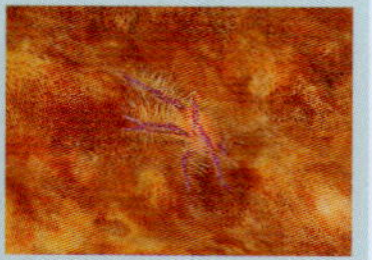
p.61 ピンクスクワットロブスター

p.35 フジナミウミウシ

p.30 オオマルモンダコ

p.18 オオモンハゲブダイ

静岡県大瀬崎

p.32 メリベウミウシ

p.43 リュウキュウフクロウニ

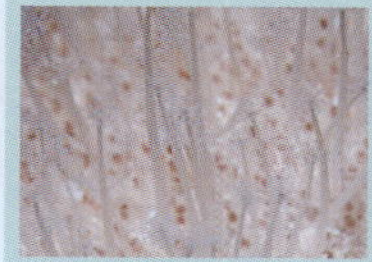
p.50 オオタマウミヒドラ

p.56 ヤナギウミエラ

モルジブ

p.2 テンジクダイのなかま

パプアニューギニア ロロアタ

p.17 レーシースコーピオンフィッシュ

バハマ カリブ海

p.40 カイメンの一種

オーストラリア シャーク湾

p.72 シアノバクテリア

オーストラリア エスペランス

p.10 リーフィーシードラゴン

インドネシア バリ島

p.21 ホヤのなかま

p.22 オニイトマキエイ

p.39 ボビットワーム

沖縄県水納島

p.12 ハダカハオコゼ

p.34 ウスユキミノガイ

p.62 アナモリチュウコシオリエビ

p.76 ナカモトイロワケハゼ

沖縄県久米島

p.35 イボウミウシのなかま

p.46 ヒトデの一種

p.49 ゼニイシ

沖縄県座間味島

p.44 バイカナマコ

沖縄県西表島

p.1 アカネハナゴイ

p.34 ヒメジャコガイ

p.41 アオヒトデ

p.48 ホシズナ・
タイヨウノスナ

沖縄県沖縄本島

p.7 ミナミハコフグの幼魚

p.20 ホヤのなかま

鹿児島県奄美大島

p.35 イロウミウシのなかま

p.35 オトヒメウミウシ

p.35 イロウミウシのなかま

p.35 ユキヤマウミウシ

著者紹介

吉野 雄輔（よしの ゆうすけ）

1954年、東京都生まれ。海洋写真家。吉野雄輔PHOTO OFFICE主宰。1982年にフリーの海洋写真家として活動を開始。世界80か国ほどの海を取材。国内でもキャンピングカーで各地を取材し、1年の半分以上は海に潜って撮影している。シャープでアーティスティックな写真で、多くのファンをもつ。おもな著書に『地球2/3海 Diver's high』（マリン企画）、『海の本』（角川書店）、『山溪ハンディ図鑑 日本の海水魚』（山と溪谷社）、『幼魚ガイドブック』（共著／阪急コミュニケーションズ）、『feel blue――こころが元気になる贈り物』（共著／経済界）、『たくさんのふしぎ ヒトスジギンポ笑う魚』『たくさんのふしぎ この子 なんの子？ 魚の子』（ともに福音館書店）など多数。

http://www5.ocn.ne.jp/~yusukeda/

監修　武田正倫（国立科学博物館名誉研究員）

写真　吉野雄輔
文　吉野雄輔＋野見山ふみこ
構成　ネイチャー・プロ編集室
デザイン　鷹觜麻衣子
製版　石井龍雄（トッパングラフィックコミュニケーションズ）
編集　福島広司・鈴木恵美・前田香織（幻冬舎）

協力
グラントスカルピン　（北海道 臼尻）
須崎ダイビングセンター　（静岡県 下田）
大瀬館マリンサービス　（静岡県 大瀬崎）
小笠原ダイビングセンター　（東京都 小笠原父島）
南紀シーマンズクラブ　（和歌山県 串本）
DIVE KOOZA　（和歌山県 串本）
シーアゲイン　（山口県 青海島）
AQUAS　（高知県 柏島）
ファイブオーシャン　（沖縄県 沖縄本島）
DIVE ESTIVANT　（沖縄県 久米島）
ダイブサービス YANO　（沖縄県 西表島）
PNG ジャパン　（パプアニューギニア）

会いに行ける海のフシギな生きもの

2013年6月10日　第1刷発行

著　者　　吉野雄輔
発行者　　見城 徹
発行所　　株式会社　幻冬舎
〒151-0051　東京都渋谷区千駄ヶ谷4-9-7
電話　03-5411-6211（編集）　03-5411-6222（営業）
振替　00120-8-767643
印刷・製本所　凸版印刷株式会社

検印廃止

ISBN978-4-344-02407-6　C0072
幻冬舎ホームページアドレス　http://www.gentosha.co.jp/
この本に関するご意見・ご感想をメールでお寄せいただく場合は、comment@gentosha.co.jpまで。